难倒老爸

科学解答看似简单的"孩子"问题

神秘搞怪的力

纸上魔方 编

U0304839

吉林科学技术出版社

适合 11~16岁 阅读

图书在版编目（CIP）数据

神秘搞怪的力 / 纸上魔方编. —— 长春 : 吉林科学
技术出版社, 2014.10（2023.1重印）
（难倒老爸）
ISBN 978-7-5384-8297-3

Ⅰ.①神… Ⅱ.①纸… Ⅲ.①力学－青少年读物
Ⅳ.①O3-49

中国版本图书馆CIP数据核字(2014)第219376号

难倒老爸
神秘搞怪的力

编　　　　纸上魔方
出 版 人　李　梁
选题策划　赵　鹏
责任编辑　周　禹
封面设计　纸上魔方
技术插图　魏　婷
开 本　780×730mm　1/12
字 数　120 千字
印 张　10
版 次　2014年12月第1版
印 次　2023年1月第3次印刷
出 版　吉林科学技术出版社
发 行　吉林科学技术出版社
地 址　长春市净月开发区福祉大路5788号
邮 编　130118
发行部电话 / 传真　0431-85677817 85635177 85651759 85651628 85600611 85670016
储运部电话　0431-84612872
编辑部电话　0431-86037698
网 址　www.jlstp.net
印 刷　北京一鑫印务有限责任公司
书 号　ISBN 978-7-5384-8297-3
定 价　35.80 元

主人公介绍

桑德拉：女，41岁，性格开朗、机智博学，与儿子杰克犹如朋友。

杰克：男，10岁左右，桑德拉的独生子，聪明顽皮，但遇事鲁莽，经常落入凯瑞得设计的圈套。

凯瑞得：男，10岁左右，杰克的同班同学，是个犯坏、捣蛋的胖小子，但是他内心超脆弱，遇到一点挫折就会哭鼻子。

妮娜：女，10岁左右，桑德拉的外甥女、杰克的表妹，娇气但有正义感。

3

致小读者

　　随着年龄的增长，孩子的小脑袋瓜里，时不时地就会冒出千奇百怪的想法。孩子们乐于动脑想一想，渴望动手做一做。正是这一思一做之间，增长了知识，充实了生活。让整个家庭充满乐趣，带来了很多有趣的回忆。

　　对于孩子提出的各种问题，大人应该如何解释？对于不同年龄段的孩子，什么样的回答能够既让孩子听得懂，又能够从科学的角度解答孩子的疑惑呢？《难倒老爸》系列少儿科普图书关注孩子启蒙教育，真实汇集孩子方方面面感兴趣的问题，用玩中学的方法，从科学的角度解答孩子各种各样的"怪"问题。拉近大人与孩子的距离，开启科学王国的大门。从此让老爸面对孩子看似幼稚的问题时不再尴尬，让孩子在家庭启蒙教育上远远领先同龄人。

　　《难倒老爸》系列少儿科普图书中《爆料人体》《空气是什么》《声音从哪来》《神秘搞怪的力》这4本书，图文并茂讲述了112个小故事、汇聚了112个科学实验。帮助孩子活学活用科学知识，提高手脑协调能力，将科学知识还原到生活当中去。让孩子和自己的小伙伴，以及大人们一起探索科学的奥秘，分享学习科学的无限乐趣。

另外，由于笔者能力及水平所限，本书编写过程中难免存在一些缺点和错误，欢迎广大读者来电来函批评指正，在此表示由衷的感激！

编者

2014年10月

目录

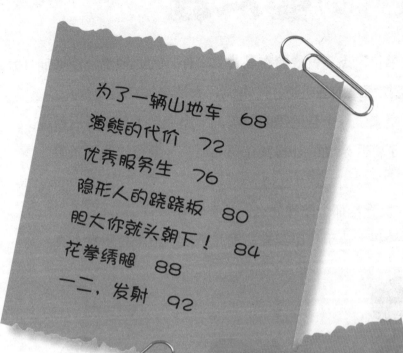

"千千" 的 单人舞

"加油啊，兄弟！"杰克就像骑在马背上一样，扬起鞭子不停地抽打着。

窗口处，桑德拉探出脑袋吼道："杰克，大清早又在闹什么？"

"没什么，只是来了一个爱跳舞的朋友。"杰克把手放在背后答道。

"难道妮娜来了？我亲爱的外甥女在哪儿呢？"桑德拉四下张望。

……

杰克："嘿，快看！那个陀螺怎么一直在转呢？"

"那是因为它转得太快了！跟我来，乖儿子！"桑德拉示意杰克。

桑德拉："快点，亲爱的，能够在无人的空地上高速飞车，这样的机会可不多哦！"

杰克骑上自行车，小腿拼命向前蹬，就好像要去抢火车票似的。

桑德拉："停下，杰克，快停下！来，双手握紧车把，看它能不能主动载你一程。"

杰克停了下来，坐在车上一动不动。

杰克："救命啊，妈妈，我快要被它拐走了！"

桑德拉："放心，亲爱的，车轮总有转累的时候。"

虽然杰克已经停了下来，但车却没有停下来的意思，杰克不得不继续跟着它向前跑。

"真奇怪，车停不下来了，我实在是不知道这是怎么回事。"杰克挠着脑袋说。

桑德拉："没错，宝贝，的确有个精灵助了你一臂之力，它的名字叫惯性。"

"惯性？那是个啥东西？如果没记错的话，我和它似乎没什么交情。"杰克更诧异了。

　　"怎么可能没交情？听好了，宝贝，惯性可以让高速运转的物体保持原有的方向不变。对了，你可以想想运动场的跑道，当你冲过终点之后，你能马上停下来，站得像电线杆那么直吗？"桑德拉说。

　　"确实，每次我都要往前多跑出几步。这么说起来，我和它还真的是熟人呢！"杰克认真地说。

11

杰克的鬼把戏

　　"我猜，下面先断！"妮娜红着脸小声说。

　　"唉，真是没办法，上面的绳子先断了。"杰克一脸得意地望着妮娜。

　　原来，杰克最近掌握了一种非凡的本领，可以让一根绳子听懂指令，为此还赢得了"第五街魔术师"的光荣称号。

　　"快来人哪，姨妈快来呀！杰克，杰克他……"这位娇小姐被杰克的绝活儿惹急了。

桑德拉："来吧，可爱的妮娜小姐，把这根绳子缠在大辞典上。"

妮娜拿起绳子在辞典上绕了一圈，还在两头各留了一段小尾巴。

桑德拉："亲爱的，一手揪住一条小尾巴，准备拔河吧！"

桑德拉："亲爱的，只有上边那只手能用力哟，而且速度要快。比赛规则就是这么简单。"

妮娜用上面的手使劲拉着绳子，但是为了不让绳子跑掉，她只好用另一只手一起揪着绳子。

妮娜："天哪，真是太神奇了，辞典上边的绳子竟然断开了！"

桑德拉："这就对了，亲爱的，因为它被你拉伤了。"

　　哈哈，现在你知道杰克为什么会变魔术了吧？假如妮娜猜上面先断，杰克一定会用下面的手发力。没错，就是用的这一招，杰克才成功混到了"第五街魔术师"的名头。

　　"如果弄不清这是怎么回事，我想我今晚会为这事想一晚上的。"杰克气哼哼地说。

　　桑德拉："放心，宝贝，会让你睡个好觉的。但是我有必要澄清一下，辞典也参与了谋害那根绳子。"

　　"可是，上面那截绳子明明没被辞典压住啊？"妮娜有点不明白。

　　"表面上看的确是这样，不过当你拉动上面那截绳子的时候，笨重的辞典会想方设法让自己不要离开桌子，所以事实上这根绳子在承受双重压力。也就是说，辞典和下面那截绳子一起完成了这桩'谋杀案'。"

挪到西边睡大觉

"谁知道太阳家在哪儿，东边还是西边？"杰克坐在台阶上大喊道，结果把"猫朋狗友"引得都来看景。

其实，这难题是杰克的好哥们儿凯瑞得出的，而且他只给了杰克一天时间。如果杰克答错了，他就得戴上笨熊面具，围着操场跑三圈。

"喔喔喔——太阳的家在东边！每天早上都能看见。"大公鸡萧克唱着说。

"喵喵——太阳家就在西边！我每天都能看见它回家！"猫咪安迪反对萧克的看法。

……

16

桑德拉："准备好了吗，杰克？我们得把这块橡皮泥搓成圆球，还得给它安条尾巴。"

杰克拿起橡皮泥搓了一会儿，搓出了一个圆球，又把线绳绑在圆球上，就成了一个拖着细长尾巴的球。

桑德拉："真棒，亲爱的，现在用一只手拎起绳子。"

桑德拉："拎球的手腕只能左右晃动，不许转圈，做到这点就够了。"

杰克是个守规矩的好孩子，他特地用上了另一只手，请它帮忙抓住拎球的手臂。

杰克："咦，这个球为什么转圈呢？快看，我可没违反你的比赛规则。"

桑德拉："当然，我知道杰克没违反规则，而且我还知道它是被地球转晕的。"

17

不论杰克的手是左右晃动还是前后晃动，橡皮泥球都会转起来，就像穿裙子的小女生一样。

可是，这和太阳的家在哪里有什么关系呢？杰克一脸迷惑地看着桑德拉。

桑德拉："哈哈哈，杰克被凯瑞得骗了！你知道是怎么回事吗？地球就像那个球一样，一直在不停地绕着一点旋转，而这个点就是太阳。所以，太阳并没有每天搬两次家，而是地球在绕着太阳转。"

　　"凯瑞得竟然骗了我，还想让我扮熊？不过，虽然我明白了这个道理，但是我还有一件事不明白：如果地球一直在旋转，为啥没感觉呢？"杰克很纳闷。

　　桑德拉："那是因为杰克在转，我也在转，房子在转，周围的景物也在转……所以，无论怎样看，我们身边的一切都待在原来的位置上。"

19

昨日冠军灰溜溜

凯瑞得："我只要这颗玻璃珠，其他的随你挑！还敢比试吗，杰克？"

"那就开始吧！我就不信你一定能赢。"杰克抓起牧羊犬吉姆的小皮球，让它顺着斜坡滚下去。

可是事实却是：杰克又输了，而且是三连败。吉姆觉得很丢脸，叼起它心爱的球扭头就跑。

凯瑞得："告辞了，老兄，别忘了明天帮我做值日啊。"

……

"唉，我试过硬币、光盘，还有手镯，可就是赢不了凯瑞得。"杰克向桑德拉抱怨。

桑德拉："不错，亲爱的，这个斜面赛道搭得还真棒。"

杰克把一块光滑的塑料板架在一本书上，就搭成了比赛场地。

桑德拉："乖儿子，快点请出那颗冠军玻璃珠，让我和它较量一番吧！"

杰克："获胜了，桑德拉小钢珠获胜了对不对？如果这不是做梦，我必须亲亲你。"

桑德拉："哦，杰克的吻。真是上帝的恩赐。"

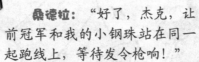

桑德拉："好了，杰克，让前冠军和我的小钢珠站在同一起跑线上，等待发令枪响！"

杰克的心扑通扑通地跳了起来，他闭上眼睛，让玻璃珠和小钢珠一起滚下了斜坡。

21

"哇，差点儿又让凯瑞得占了便宜。不过，我需要一个解释，要不然我明天还得义务劳动。"杰克说。

桑德拉："听着，杰克，不同形状、不同质地的物体摩擦力各不相同，在先前的游戏当中，玻璃珠的摩擦力最小，所以它滚下斜坡的速度最快。"

"可是，为什么说玻璃珠摩擦力最小呢？"杰克依旧很纳闷。

桑德拉："因为它表面光滑，质地均匀！其实，如果仔细观察一下你就会发现，玻璃珠滚落时非常顺畅，而手镯、铁片的表面粗糙，所以摩擦力大，滚动速度也就会慢些。"

打弹珠

打弹珠俗称弹玻璃球，它曾经是一项风靡世界的游戏。

用你的玻璃球弹击我的玻璃球，砸中者为赢！看似简单，玩着难，不但要懂抛物线，还要懂能量转化、重力加速度……对了，想玩好玻璃球，首先要学好物理。

乔格鲁苗条了

杰克："天哪，乔格鲁，真的是你偷吃了安迪的妙鲜包！"

正在作案的胖兔子乔格鲁被抓了个正着，它甚至都来不及将妙鲜包的口袋扔掉。

"汪汪——吉姆丢了三根火腿肠！"吉姆也来告状了。

杰克："说实话，乔格鲁，火腿肠是不是藏在你的肚子里？"

"冤枉，我真的冤枉。乔格鲁正在减肥呢。"乔格鲁抹抹三瓣嘴说。

吉姆："馋兔子还在狡辩！妈妈快来，快给乔格鲁称称体重。"

桑德拉：“亲爱的，一楼到了，趁着里面没人赶紧工作吧！”

在电梯里称兔子？杰克还是头一回做这种事。

桑德拉：“好吧，杰克，先把电子秤放在角落里，然后请胖兔子乔格鲁先生站上去！”

桑德拉：“上楼，杰克，记好乔格鲁的分量，看我有没有冤枉它。”

杰克按下电梯按钮，然后蹲在地上看着电子秤的表盘。

杰克：“重了，真的重了，好像越来越重了。这是为什么？难道乔格鲁一边上楼一边长肉吗？”

桑德拉：“先别下结论，杰克。别忘了，我们是帮乔格鲁找自信来了，让它相信自己可以瘦下来……”

从一楼上到十楼，乔格鲁的体重似乎一直在长，它不好意思地把脸都捂上了。但是在下楼的过程中，奇迹出现了：乔格鲁竟然一路"瘦"了下来！

"减肥真的这么容易吗？我实在不敢相信自己的眼睛了。"杰克问。

桑德拉："听着，杰克，这只不过是个善意的谎言，但是我们的目的已经达到了，我们让乔格鲁相信，自己还是有可能变成苗条的兔子的。"

"哇，妈妈也会骗人了！不过，你还欠我一个解释呢！"杰克说。

桑德拉："当然，乖儿子。向下运动的电梯让胖兔子失重了，你可以这么认为，它的一部分体重暂时被电梯下行的动力给抽走了。"

巧妙运输巨石

闻名世界的金字塔，建造它需要500万吨石头，据说当时每块石头都超过了1吨重，如何运输它们呢？原来，当地有一种很奇怪的黏土，在黏土铺就的路面上洒水，巨大的石块就可以滑行。在不能洒水的地方，工匠们就在路面上铺圆木，让巨石在圆木上滚动前进。

包了全班的冰激凌

凯瑞得："如果你能让硬币站在铁丝上，我就请全班同学去吃第五街冰激凌！"

凯瑞得左手举着一根弧形铁丝，右手举着一枚硬币，他又来向杰克下战书了。

杰克："弯弯的铁丝上站个硬币？别逗了，凯瑞得，这次我是不会上当的。"

凯瑞得："你输怕了吗，杰克？"

……

杰克："救命啊，你一定要让硬币站在铁丝上！"

桑德拉："亲爱的，我把橡皮泥交给你们，每人给我团个圆球好吗？而且两个圆球必须一样大。"

杰克和妮娜认真地搓着橡皮泥，终于圆满地完成了任务。

桑德拉："现在，把泥球交给我，我要把它们俩插在铁丝上，一头一个。"

杰克："胜败在此一举。你真的想好了吗？"

桑德拉："快把硬币交出来，亲爱的宝贝。"

桑德拉："水瓶准备好了吗，杰克？我还等着把钢丝桥架上去呢。"

杰克拿来一个装有水的瓶子，桑德拉把那根挂着橡皮泥球的弯铁丝放在了瓶盖上。

桑德拉用指头轻轻夹起硬币，杰克马上捂住了耳朵，妮娜更是蹲到桌子底下……因为他们都害怕听到这噪音。

杰克："妈妈，硬币和弯铁丝只有一点点接触，然后它竟然站住了。"

桑德拉："听着，亲爱的，你可以把互相接触的硬币、铁丝和橡皮泥想象成一个整体，而硬币之所以能够找到平衡，橡皮泥功不可没。"

"太棒了，接着说接着说，我要让凯瑞得输得心服口服！"杰克已经急不可待了。

平衡绝技

平衡能力比较好的人，站到一根高1米、宽10厘米的横木上和站在平地上的感觉几乎一样。接着，他可以轻松地在横木上做出翻腾、跳跃等动作。如果平衡能力差的人，这时就会从上面掉下来，人们把这种横木叫作平衡木。

桑德拉："好的，杰克，就让我来帮你打败那小子吧！其实这很简单，因为硬币受到了泥球的重力作用，稳定性也就大大提高了。"

好奇的罐子踮起脚

"怎么样，妮娜，它又掉下去了吧？"杰克指着摔在地上的鞋盒说。

妮娜："它都悬空了，一大半露在桌子外面，不掉下去才怪！"

"这个嘛，哥哥我就能办到，即使盒子只挨着桌面一点点也没问题。"杰克掂掂手里那把糖块说。

……

果然，杰克兑现了承诺，他让大半个身体悬空的鞋盒稳稳地待在了桌边，好像粘上去一样。

"快来，姨妈！这里有人作弊，你到底管不管啊？"妮娜又想赖皮了。

桑德拉："看好了，宝贝，这是个空的易拉罐，想不想让它斜着立在桌子上？"

杰克成功了，但是因为他的手始终不肯离开易拉罐，所以当即被红牌罚下了。

桑德拉："好了，这回看我的，拿点水来，杰克。"

桑德拉："对，就这样一点点地把水灌进去，同时还要不断调整罐子的角度。"

杰克一点点地往罐子里添水，桑德拉则帮他挪动罐子，让罐底逐渐离开桌面。

杰克："哇，好像真的站稳了。你敢松手吗？"

桑德拉："当然了，乖儿子，举起双手，准备为我鼓掌喝彩吧。"

现在，呈现在杰克面前的是这样一幅画面：易拉罐的身体大约和桌面形成了45°夹角。没错，就好像有根线从上面吊着它一样。

杰克："可是，我怎么从没见过哪个易拉罐是这副怪样的？"

桑德拉："听着，亲爱的，易拉罐灌水后，支撑点就发生了变化。如果你继续灌，它还会摆出更夸张的造型来呢！"

"可是，鞋盒子到底是怎么回事呢？"妮娜还在想鞋盒子的事。

"咳，这个有啥难的！因为盒子里的

尖底的罐子

古时候有一种打水的陶罐的样子很特别：小口尖底。如果里面不放水，它就只能口朝下站着。

但是这个奇怪的罐子下了河就不一样了：把罐口朝下按入水中，等水灌满了，罐子还能自动浮上来。没错，因为水罐的重心发生了改变，所以才出现这样的奇妙景象。

糖块把它压住了，一头沉一头轻，鞋盒子当然不会掉下去了。"现在，杰克也成了明白人。

折不断的火柴棍

　　凯瑞得拿着一根火柴一样的东西向杰克说："看，这是我家的宝贝。"说着，他把这宝贝插到杰克的手指中间，中指在下，示指和无名指在上。杰克怎么使劲也压不断，正在疑惑的杰克一不小心折断了凯瑞得的传家宝。

　　"天哪，杰克，你搞坏了我爷爷的爷爷的传家宝！"凯瑞得大呼小叫道。

　　杰克："怎么办，凯瑞得？我能向那位老爷爷道个歉吗？"

　　"算了，杰克，咱们是好哥们儿，要不请我吃个双层汉堡，这事儿就算过去了。"凯瑞得说。

　　……

桑德拉："看好了，杰克，这种火柴一掰就断，就算三根一起掰也能掰断。"

杰克检查了一下桑德拉的火柴棍，发现它们和凯瑞得的传家宝长得一样。

桑德拉："现在看我的吧，不过，是不是得将火柴横着放在中指指甲下面一点呢？"

杰克："对，就是这样，中指要放在火柴棍的中间，然后用你的示指和无名指使劲儿压它。"

桑德拉试了试，发现从上面压火柴棍根本就是白费力气。

杰克："哇，凯瑞得的传家宝就是这样的。你再试试，这回从下面顶火柴。"

桑德拉："这没什么不可以的，试试就试试。"

　　结果，桑德拉无论是用示指和无名指压着火柴棍，还是顶着它，那根细小的棍子都完好无损。

　　"天哪，你确定它真的不是传家宝吗？"杰克盯着火柴说。

　　桑德拉："行了，乖儿子，哪来的传家宝？再想想为什么。"

压力

重物　支点

两个"支点"

物理学中的支点指的是：能够让一根杠杆持续发生作用的那个支撑点。

事实上，有一架古老的战斗机的绰号也叫作"支点"。这架战斗机的真名叫米格-29，曾经是苏联军队的一员。由于米格-29具有主力战将的潜质，所以才得了这个外号。

"再给点提示好吗？我得赶紧去找凯瑞得摊牌。"杰克的眼睛亮了。

桑德拉："因为火柴的支点在中指上，而示指和无名指离它太近了，根本用不上力气。没错，就这么简单，宝贝。"

举起手来！

杰克："我说，妮娜小姐，你就不能借我看看漫画书吗？"

妮娜："嘿，凯瑞得也等着借这本书，你说我该借给谁好呢？"

"当然是借给我了，咱俩可是最亲的兄妹！"杰克攀起了亲戚。

凯瑞得："杰克，这不公平，要不我们比一比谁的力量大，谁就可以先看妮娜的书，怎么样？"

杰克："好吧，就这么说定了。"

结果，凯瑞得的力量比杰克大，借走了妮娜的书。

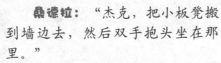

桑德拉："杰克，把小板凳搬到墙边去，然后双手抱头坐在那里。"

杰克听话地背靠墙壁坐在小板凳上，似乎很听话。

桑德拉："手臂尽量向后伸，最好贴在墙上。"

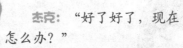

杰克："好了好了，现在怎么办？"

桑德拉抓住杰克的肘关节，用力向上提。

杰克："好像没啥感觉，你是不是没吃饱？"

桑德拉："乖儿子，别急，换个地方试一试，也许妈妈会变成大力士的。"

撬动巨轮

古埃及很早就制造出了巨大的轮船，准备打仗用。

但是人们很快就发现了一个问题：船是在陆地上造出来的，该怎么把它推到海里去呢？此时，阿基米德来了，他不用任何人帮忙，一个人就让大船骨碌碌地移到了海边。这是为什么呢？因为他为大轮船配了一套杠杆装置。

杰克抱着头直直地坐着，当桑德拉拎起他的胳膊肘时，他的胳膊一动没动。但是，当桑德拉拎起杰克手掌的时候，他却"举手投降"了！

"为什么你的力气忽然变大了？差点儿把我整个拎起来。"杰克瞪着眼睛问。

桑德拉："听好了，乖儿子，只要力气用对了地方，小杰克也能推动大轮船。刚才拎起凯瑞得的胳膊时，力量实际上传到了他的上臂，也就是从肩膀到关节那一段，这怎么可能让他乖乖举起手来呢？"

杰克："那我该怎么做呢？漫画书已经被凯瑞得借走了。"

桑德拉："这还不容易，你让他坐好拎他一回，不就能把漫画书赢回来了吗？"

好兔子只能向前跳？

杰克："跳跃健将乔格鲁，你会向后跳吗？"

"胡说什么呢，杰克？好兔子只能向前  跳。"胖兔子乔格鲁嚼着草叶答道。

"向后跳？喵！向后退还差不多。"猫咪安迪试了试，得出了这样的结论。

杰克："难道你不想试试吗，妮娜？"

妮娜抖抖裙子说："无聊，我可没时间陪你玩，我还要去跳芭蕾呢。"

杰克："咳，学会了我这招，也许第五街所有的男生都会对你刮目相看的。"

杰克："光脚站在地毯上，妮娜，然后用你的左手抓左脚丫子、右手抓右脚丫子。"

妮娜脱下鞋子，弯腰抓住了自己的脚指头。

杰克："对了，就是这样，但是膝盖不要绷直，应该略微下蹲才对。"

杰克："好了，妮娜小姐，现在你可以试着向前跳一下。不过，不要太用力哦，否则会摔倒的。"

妮娜试了一下，结果没跳出去，她气得小脸通红。

杰克："我没骗你吧？真的跳不出去。但是如果你愿意，可以试试向后跳。"

妮娜："快来呀，我已经分不清前和后了！"

桑德拉："来了来了，我这就到。发生什么事情了，宝贝？"

妮娜用手抓住脚尖，屈膝向前跳，结果失败了。但是，当她保持这个姿态向后跳的时候，竟然很容易就办到了！

"体育课上我还练了立定跳远呢。为什么？我也觉得向后跳不太正常。"杰克问。

桑德拉："听好了，乖儿子，当你弯腰抓脚向前跳的时候，身体会向前倾，可是脚丫子根本无法移动。"

杰克："而脚丫子就相当于弹簧，

假如没有它们的帮忙，我是不可能弹起来的。"

桑德拉："太棒了，杰克，这个比喻非常形象。"

爷爷的手杖

"坐下去再站起来，这个你总会吧？哥们儿。"凯瑞得问杰克。

"哎哟，这样的动作我一天至少要做上几十次。"杰克边做边说。

凯瑞得："这可是你说的，比输了不许哭鼻子。"

杰克："哦，哭鼻子是小女生的绝活儿，比如那个娇气的妮娜。"

"你又在说我坏话，杰克？"妮娜恰巧在这时走了进来。

杰克："不，亲爱的妹妹，你愿意过来坐一会儿吗？就是现在。"

……

"快来人呀，他们合伙把我粘在了椅子上！"妮娜大声呼救。

桑德拉："坐下吧，杰克，你也来尝尝那种站不起来的滋味吧。"

杰克坐在椅子上，把后背挺得直直的，双脚平放在地面上。

桑德拉："小腿与地面垂直，双手向前伸。"

桑德拉："手臂要和肩膀平齐。好了杰克，现在你可以试着站起来。"

杰克不以为然，他本打算一下蹿起来的。

杰克："可以挪挪脚丫子吗，亲爱的妈妈？"

妮娜："不可以，一动也不许动，别忘了刚才你们是怎样叮嘱我的！"

桑德拉："的确不可以，身体也不许移动，否则你就作弊了，宝贝。"

49

　　杰克就这样举着手垂着脚，一次又一次试图站起来。但是不管他怎么努力，就是没法站起来。

　　"我真的站不起来了，为什么？我脚上的力气好像被偷走了。"杰克问。

　　桑德拉："听好了，乖儿子，脊背是直的，小腿也是直的，所以它们都不可能给你提供一个着力点。"

杰克："明白明白，那个着力点就像老爷爷的手杖。"

桑德拉："说得好，杰克，其实身体做的每一个动作都需要着力点，但是只要我们的肌肉和骨骼足够强劲，就不需要手杖和拐杖。"

健步如飞

手杖古名也叫"扶老"，说明它曾经是老年人的亲密"伴侣"。

其实有些情况下，手杖也是健康人的好帮手，例如登山或健走运动的过程中。因为有了手杖，我们脚下就会多一个支撑点，从而有效减缓双腿甚至全身骨骼的负担。

橘子汽水笑哈哈

"就拿掰手腕来说，第五街所有的男生都不是我的对手！"凯瑞得炫耀道。

杰克："好汉不提当年勇，想证实自己就要勇敢站出来。"

"干吗和他比力气？"妮娜撇撇嘴说。

"凯瑞得敢在你的漫画书上粘口香糖，好好想想，他可没少坑咱们，难道就这么算了吗？"杰克趴在妮娜耳边小声说。

……

哇哇……呜哇……咳，这是凯瑞得伤心的哭声。

桑德拉： "来吧，杰克，弯下腰，头顶着墙壁，两只脚向后退。"

杰克后退了几步，发现脑袋顶得有点疼，于是停住了。

桑德拉： "好了，杰克，不要为难自己的脑袋。如果感觉不太舒服，脚还可以挪回一点。"

桑德拉： "现在并拢双脚，试着用手举起墙根的橘子汽水，手要贴着墙壁。"

杰克伸伸手，好不容易摸到了汽水瓶，本打算一下就举过头顶。

杰克： "真的是橘子汽水吗？我怎么觉得它比大石头还沉？"

妮娜： "我倒不那么觉得，事实已经证明，我就可以举起一瓶这样的汽水。"

桑德拉： "的确是橘子汽水，不信你可以过来尝尝，杰克。"

其实杰克很清楚，汽水不是假的，只不过这样没法举起来。但是小小的妮娜为什么能办到呢？这的确是个问题。

"我真的没办法把它举起来，为什么？刚才我差点儿憋坏了。"杰克问。

桑德拉："听着，杰克，当你弯下腰，用脑袋顶着墙壁的时候，脑袋就会部分取代脚掌，成为身体的一个受力点。"

杰克："但是这样一来我连站稳都很难，更别说伸着胳膊拎起墙边的汽水瓶了。"

妮娜："难道我和他有什么不一样吗？"

蹬凳上马

四条腿一个面，没有靠背的坐具叫板凳，有靠背的坐具叫椅子，它们都是用来坐的。

其实凳子当初被发明出来，根本不是用来给人坐的，而是用来放在马或者轿子跟前，脚往上一蹬就骑马、上轿了。所以，凳子古名也称马凳或者轿凳。

桑德拉："由于妮娜个子比较小，受力点的改变对身体稳定性的影响并不太大，所以拎起同样一瓶汽水也会相对容易一些。"

哆啦Ａ梦眼前过

"圆脑袋蓝衣裳，看它跟你多配？"凯瑞得对妮娜说。

"谁是大圆脑袋？你在说什么，讨厌的凯瑞得！"妮娜被凯瑞得气着了。

凯瑞得："哦，我的意思是，你像它，不不不，它像你一样可爱。我想把它送给你。"

"这还差不多。"妮娜看着那个哆啦Ａ梦说。

杰克："直说吧，哥们儿，据我所知，想得到你的礼物简直比攀登珠穆朗玛峰还难。"

凯瑞得："好，现在我把蓝猫放在地上，拿得走就归你们，绝不食言！"

……

桑德拉：“过来试试，妮娜，背靠墙壁，笔直地站好。”

妮娜靠在墙壁上，双脚并拢，脚后跟已经顶到了墙根。

桑德拉：“看好了，妮娜，我把饮料瓶放在你面前大约30厘米的地方。”

桑德拉：“轻轻弯下腰，但是膝盖不许弯曲，脚也不能动。”

妮娜试着弯下腰，趴在地上。

杰克：“真的摸不到，对不对，妮娜？这证明哥哥刚才已经尽力了。”

妮娜：“的确有点难度，除非我能伸出一只脚，并且让它向前迈上一步。”

脚后跟贴墙，身体向前倾，其实是个超高难度的动作。因为稍有不慎你就有可能变成"趴趴熊"，更别说伸手够到脚前的饮料瓶了。

"为什么，桑德拉？饮料瓶看起来那么近，我的手却无论如何都伸不过去。"妮娜问。

桑德拉："听着，宝贝，当你靠墙站立的

时候，身体的全部重量就落在了两只脚上，只要稍稍向前探就会感到站不稳。你为了维持身体平衡而不敢继续向前，自然也就不能接近饮料瓶了。"

杰克："对，我就是这么输掉的。为了凯瑞得拿来的那个蓝胖子，我差点儿摔成'猪拱地'。"

"蓝猫"之父

小眼睛大饼脸、一身蓝衣的哆啦A梦，曾用口袋里掏不完的梦幻迷倒了许多人。

哆啦A梦的原著者藤子·F·不二雄，其实并非一个人，而是两位漫画大师合用的笔名，一个叫藤本弘，另一个叫安孙子素雄。

彩虹糖

"这回信了吧？即使纹丝不动，你们两个也不能把我怎么样。"凯瑞得嚼着彩虹糖说。

"我可不信。你胖我瘦，妮娜更瘦，两个瘦人怎么可能把一个胖人举起来呢？"杰克耸耸肩膀为自己辩解道。

凯瑞得："别狡辩了，哥们儿！这是我吃了无敌彩虹糖的缘故。"

"有那么神奇？"妮娜说。

凯瑞得："十块钱一颗，无效双倍返还。妮娜，你要尝尝吗？颜色随你挑。"

……

桑德拉："站好了，妮娜，现在有两个大力士在打你主意哦。"说着，她抓住了妮娜的胳膊肘。

妮娜不由得嘟起小嘴，又正了正身体。

桑德拉："站好了，妮娜小姐，左手搭右肩膀，右手搭左肩膀。"

妮娜站直了身体，两臂交叉搭在自己肩膀上。

桑德拉："妮娜胳膊端平，杰克站到妮娜这边，桑德拉站到那边。"

杰克："好像真的抬不动，是这样吗，桑德拉？妮娜，你没偷吃无敌彩虹糖吧？"

妮娜："讨厌的杰克，不许这样说我！难道你忘了只有耗子才偷吃吗？"

61

妮娜那么瘦，看起来一阵风就能将她刮跑了。可是不知道为什么，桑德拉和杰克一左一右，每人抓起妮娜一条胳膊，就是不能把她拎起来。

"为什么，桑德拉？根本就没什么无敌彩虹糖，那只是凯瑞得挖的陷阱对不对？"妮娜问。

桑德拉："没错，宝贝，你们差点儿就遭受了巨大的经济损失。因为妮娜的体重根本就集中在下半身，而桑德拉和杰克却拼命在胳膊上用力，当然不能把你抬起来了。"

妮娜："如果桑德拉抱住我的腰，一定会把妮娜抱起来的，对吗？"

"对，可是我买了一颗……"杰克摊开手掌，露出一颗绿色彩虹糖。

桑德拉和妮娜哈哈大笑，杰克则又上了凯瑞得的当。

赌城换新颜

美国内华达州的石漠与戈壁之间，曾经有一片绿洲，它就是拉斯维加斯。

一百多年前，开拓者们将这片绿洲变成了一座赌城，但是现如今，它已经成为世界闻名的旅游城市了。

围观的兄弟真开心

"杰克，你要去流浪吗？作为哥们儿，我该送你一程，但是我真的很忙。"凯瑞得假惺惺地说。

杰克："谢谢好哥们儿，其实我正在练一种功夫，也许你连做梦都没梦到过。"他挥动手中的木棍说。

凯瑞得："功夫？拐棍神功吗？我想我确实没有看扁你，杰克大师。"

杰克："哎，睁眼不识武林奇人。去吧，凯瑞得，叫上你那些表兄弟，一同来见证。"

......

"出招吧，凯瑞得，用尽力气推我手上这根木棍。"杰克双手握紧棍子说。

桑德拉："听好了，杰克，两手伸直，胳膊之间的距离要和肩膀一样宽。"

杰克伸直了胳膊，两臂间的宽度和肩膀一样。

桑德拉："胳膊肘冲外，握住木棍，胳膊肘的方向很重要，杰克。"

桑德拉："手腕略微向上用力等着桑德拉来推你，我会很用力的。"

当桑德拉抓住木棍的时候，杰克闭上了眼睛。

杰克："我还好好的，站得四平八稳？桑德拉你推过了吗？"

桑德拉："你成功了，乖儿子，你已经练成了抓地大法！桑德拉并没让着你哦。"

"我压根儿没感觉到你推我，这和先前的感觉完全不一样。为什么，桑德拉？"杰克问。

桑德拉："听着杰克，当桑德拉推动木棍的时候，你的手腕正在向上用力，于是向后的推力被抵消了。"

我们可以用"抓地"来形容某物体与地面咬合的能力。所以，鞋子有抓地力，小狗的爪子有抓地力，汽车轮子也有抓地力。

在赛车场上，汽车的抓地能力会影响到参赛车辆的起步、提速以及转弯等方方面面的表现。

杰克："凯瑞得推我的时候，推力直接通过我的手腕传回来了。可是接下去该怎么办？我觉得我已经没脸在第五街区待着了。"

桑德拉："亲爱的，重整旗鼓再战一回，桑德拉只有这一个办法了。"

为了一辆山地车

杰克："加油妈妈，为了第五街母子双人滑冠军！"

桑德拉："是的，宝贝，这也是我今年最大的愿望。可是……"话还没说完，她就摔倒了。

"哇，你摔疼了没有？"杰克扶起桑德拉，难过地询问。

妮娜："天哪，妮娜第一次滑冰也没摔得这么惨！"

原来，第五街区要举办亲子滑冰大赛，夺冠可是有大奖的——一辆豪华山地车。

桑德拉："咳，桑德拉可比不了你们这些小家伙，个个儿都有超强的平衡能力。"

……

桑德拉："来吧，杰克，把它们俩立在桌子上，就像两个并排站着的人一样。"

杰克把一长一短两根木棍立在桌上，长的10厘米，短的只有2厘米。

桑德拉："妮娜也过来吧，杰克指挥长木棍，妮娜就指挥矮的那根。"

桑德拉："可以了，宝贝，想办法让你们手中的木棍倒下去。"

杰克看看妮娜，妮娜看看杰克，各自准备动手。

桑德拉："听我的口号，一起动手，看哪根木棍更快倒下去。"

杰克："也许会同时倒下去，我只是说说而已。"

　　桑德拉刚喊出"预备"，杰克和妮娜就同时动了手，他们都想把木棍摔倒在桌面上。但事实是长木棍一推就倒了，而短的那根只会翻跟头。

　　"为什么短木棍不想倒下呢？"杰克问。

　　"长的又为什么想倒下呢？"妮娜也问道。

　　桑德拉："听着，宝贝，短木棍的重心低、底盘稳，而长木棍的重心高、底盘不稳，容易摇晃，就会摔倒在地。"

　　妮娜："当姨妈和杰克同时练习滑冰的时候，杰克相当于短木棍，而

姨妈就像那根摇摇晃晃的长木棍。"

"没错，亲爱的。不过，为了帮杰克赢回豪华山地车，桑德拉一定会加倍努力的！"桑德拉向小天使发誓。

演熊的代价

"我真的需要一个舞伴，下星期陪我参加第五街的圣诞晚会。"妮娜说。

杰克："我倒是不介意登上那个灯光闪耀的大舞台。"

凯瑞得："可是，恐怕你连舞曲都听不懂，兄弟，我没猜错吧？"

杰克："哼，你能听懂又怎样？你没法把自己塞进芭蕾舞衣里。"

"你这是忌妒。好了哥们儿，我们比一比，赢了的那个去跳舞。"凯瑞得建议。

妮娜："好！我同意。"

……

桑德拉："好了，杰克，把水管弯成U形。"

杰克双手握着一根弯成U形的透明塑料水管，至少有拇指那么粗，让桑德拉帮忙往管子里灌水。

桑德拉："宝贝看着点，水不能灌太多。"

桑德拉："为了试验效果更明显，我们要向水管里滴几滴红墨水。"

杰克握住灌了半管水的U形塑料水管，亲眼见证墨水把水染红了。

桑德拉："预备，杰克，先提左手，观察U形管两侧水面高度的变化。"

杰克："是，但愿我能把水提上去……"

杰克本打算像抽水机一样，指挥水管里的水向上走，但是，不论杰克哪只手向上提，U形管两侧的水面高度都是一样的。

"水为什么不肯向上一步呢？我都快急死了。"杰克问。

桑德拉："听着，杰克，这就是水的特性，当你举起一端的管子，其中的水一定会主动落下来，直到两侧的水面在一条水平线上为止；而且只要水管存在弧度，这种现象就会一直存在。"

杰克："明白了，所以小河的水面看起来是平的，无论河床是多么坑坑洼洼。"

"杰克在吗？哦，杰克，见到你真是太好了，我需要你的帮忙。"妮娜大呼小叫地来了。

流水无常

由于地势落差、潮水涨落、自然灾害等原因，江河湖海不可能永远风平浪静。

为了应付上述种种意外情况，人们发明了船闸，利用它来调整某段航道的水面高度，以帮助过往船只顺利通行。

杰克："不对吧，妮娜小姐，这会儿你应该很忙，忙着和凯瑞得排练舞蹈。"

妮娜："凯瑞得跑了。"

"为什么？"杰克和桑德拉异口同声问道。

"因为他不想演一头熊。"妮娜回答。

优秀服务生

"可乐来了！先生小姐们请慢用。"杰克托着一杯可乐，左闪一下右闪一下，向饭桌走来，好不容易到了桌前。

哗啦啦——可乐全都洒到了妮娜的新裙子上。

"第五杯第五杯！天哪，杰克，今天你已经打翻了五杯饮料。"妮娜跳起来大喊道。

凯瑞得："难道你是来搅局的？兄弟，今天可是妮娜的生日会，我们哄她开心还来不及呢。"

杰克："我想我还是直接把可乐瓶子端上来吧。"

……

76

桑德拉："来吧，杰克，现在开始接受桑德拉的培训。快，把那个杯子灌满可乐。"

杰克小心翼翼地往杯子里灌可乐，边灌边哆嗦，因为他今天已经被可乐折腾苦了。

桑德拉："振作点儿，亲爱的，找个大小合适的塑料袋把大盘子塞进去，请它撑起袋子底。"

桑德拉："现在端起满满一杯可乐，将它放在塑料袋里的大盘子中央。"

杰克把可乐杯放在盘子上，但他总觉得杯子会倒，有点放心不下。

桑德拉："做得好，杰克，就这样拎起袋子的提手，大踏步走起来！"

杰克："不要啊，我今天已经弄洒了五杯可乐。"

在桑德拉的鼓励下，杰克终于迈出了第一步。很快，杰克发现刚才的担心完全是多余的，因为可乐并没有洒出来。

"没洒，真的没洒，这是为什么呀？"杰克惊讶地问道。

桑德拉："听好了，宝贝，在这个过程里塑料袋起到了关键的缓冲作用，它让

神奇的钟摆

钟摆是机械钟的一部分，它通过左右摇摆的方式让时钟指针匀速转动。

1998年的一场足球赛上，有个人突然开始模仿钟摆的样子：他晃动上身迷惑对手，然后一伸脚，球进了。那个球员叫罗纳尔多，而他的招牌动作被球迷称为"钟摆式过人"。

你提着的可乐做起了有规律的钟摆运动。"

杰克："这样一来，可乐杯就不至于剧烈晃动，而把可乐晃出来了。"

桑德拉："没错，亲爱的，想想楼下送外卖的哥哥吧，他们拎着手提袋送汤送水，几乎就没有失手的时候。"

隐形人的跷跷板

凯瑞得："假如你能不用手就让这根蜡烛荡起来，我是说假如，我就会替你保守秘密的，杰克老兄。"

杰克："这完全没问题，因为我的嘴巴可以吹出威猛的气。"

妮娜："用不了多久，你的嘴巴就会又酸又疼。"

凯瑞得："别逞能了，杰克，不行就认输算了……"

……

桑德拉："杰克，现在你需要在蜡烛的另一端弄出一根烛芯。"

杰克用小剪刀修剪蜡烛的底座，没一会儿，烛芯就露出来了。

桑德拉："亲爱的，现在轻轻转动牙签，让它横着穿透蜡烛的中心，做成一个十字形。"

桑德拉："把两个杯子拿过来，杰克，用它们顶住牙签把蜡烛架起来。"

杰克拿起穿着牙签的蜡烛，把牙签两端分别放在一个玻璃杯的杯口上，使蜡烛看起来就像一个跷跷板。

桑德拉："样子还不错，杰克，看好了，桑德拉不用手就让它动起来！"

杰克："不要用嘴啊，那样会累坏嘴巴的……"

81

但是事实并不像杰克预想的那样，桑德拉只是擦着了一根火柴，把蜡烛头尾的烛芯都点燃了，蜡烛就以牙签为轴，上来下去地玩了起来。

"天哪，你看它多自在，简直就像火苗的跷跷板！为什么？"杰克问。

桑德拉："听着杰克，这其实是火苗在玩转跷跷板，因为燃烧的蜡烛会不断消耗自身的重量，但是蜡烛两端消耗的重量并不相等。"

杰克："哦，我明白了，重的那头落下去，轻的就翘起来，直到蜡烛烧完了为止。"

"秘密是什么，杰克？"妮娜还惦记着"秘密"。

杰克："其实，其实我本想保持沉默的。"

桑德拉："说吧，亲爱的，朋友之间是没有秘密的，对吗？"

原来，那天杰克被叫去汤尼校长的办公室，不知为什么，一只小老鼠也跟了进去。杰克说他不认识小老鼠，可是凯瑞得偏说小老鼠认识杰克，这就是凯瑞得说的秘密。

时过境迁

石蜡是从石油等矿物中提取出的一种可燃物质，它也是蜡烛的主要成分。

在电灯没被发明出来之前，蜡烛曾经是千家万户必备的照明用具。但是伴随现代科技的发展，蜡烛的命运也发生了改变，如今它以千姿百态的美妙造型，成了渲染喜庆气氛的好帮手。

头朝下！

"给我吃一块，杰克，可别告诉我你没有巧克力。"凯瑞得指着杰克的书包说。

杰克："行行好，凯瑞得，我要一块巧克力可不容易了。"

凯瑞得："今天我要给你露一手，相信你看了之后，就会心甘情愿地把巧克力送给我。"

"千万别那么想，凯瑞得，现在我就是老虎，巧克力就是我的牙。"杰克捂着书包说。

妮娜："哇，虎口拔牙！我想看。"

……

桑德拉："倒扣水杯让水不要流出来，这是个前所未有的挑战。好吧，我们到花园里去。"

杰克拎上小铁桶，脖子上挂着一根粗绳子，拉着桑德拉的手，一起走到了花园里。

桑德拉："亲爱的去接水吧，把你的小水桶灌满了再回来。"

桑德拉："把绳子递给我，杰克，我得把它拴在水桶的提手上。"

杰克则开始拴绳子，拴好之后，水桶就长出了一条1米多长的辫子。

桑德拉："这么长的辫子够用了，杰克，躲远点，桑德拉要开始转圈了，这项运动需要足够大的场地。"

"拎着水桶转圈？，你还不如直接把水倒出来呢。"

桑德拉拉着小水桶提手上的绳子开始转圈，越转越快。杰克远远地蹲在地上，用手捂住了脸，他实在不忍心看到桑德拉把空水桶还给自己。

"你又接了一桶水吗？"杰克把手从脸上拿下来，看着桑德拉脚边的水桶，疑惑地问道。

桑德拉："看好了，杰克，水还是原来那桶水，只有几滴调皮地跑掉了。"

杰克："怎么可能？你像抢铁饼那样拎着它转圈，而且还转得那么快！"

桑德拉："听着，宝贝，对于这桶水来说，桑德拉转得越快，水和桶壁的结合就会越紧密，这是惯性力在发挥作用。杰克可以想想坐过山车时头朝下的感觉。"

杰克："头朝下？吓死人了。对呀对呀，不过那时候我并没从椅子上掉出来，这也是惯性力在发挥作用，对吗？"

"杰克，傻杰克！你又上当了……"妮娜搞清了凯瑞得倒拎水杯的秘密。

原来杰克没看到，那个杯子口粘了一块透明塑料布，据说凯瑞得已经用它骗到了六块巧克力。

云霄飞车

过山车也叫云霄飞车，玩家认为跟着那东西上下翻飞玩的就是心跳刺激。

美国曾经造过一架过山车，名字叫作"野兽之子"，其轨道全长达2000多米，上下落差60多米，最神奇的是它还有一段垂直于地面的轨道。但是，为了游客玩得更安全，那段垂直轨道最终还是被拆除了。

花拳绣腿

"这是握力器，你玩过这个吗，杰克？"凯瑞得一边问杰克，一边把那东西捏得咯噔响。

杰克："就这个小东西，我一分钟能捏一百多下。"

凯瑞得："你那手指头细得像麻绳，没准儿捏气球还行，不然试试看！"

"今天直播跆拳道比赛，我得回家看比赛了。"杰克拎起书包准备开溜。

"跆拳道要两小时之后才开始，正好咱俩先做个热身练习。再说了兄弟，就你那花拳绣腿，看了也白看。"凯瑞得拦住了杰克。

……

桑德拉："怎么样，杰克？快用桑德拉的方法重新试试。"

杰克调整了发力的位置，捏住握力器手柄的末端。

桑德拉："那样的握力器，桑德拉也有一个。还想试试吗，杰克？"

杰克摸了摸那个钳子形的握力器，在刚刚分叉的那个位置使劲捏了捏。

桑德拉："乖儿子，看我的，看我怎么把它揉成小皮球！"

桑德拉："很好，亲爱的！再来试试这个直线形的臂力器，分别用两手握住中间和两端。"

杰克："没错，握在两端就能把它给弯过来啦！"

很显然，比赛规则不太公平，因为他让杰克捏着钳子形握力器的根部，其实这个任务只有大力士才能完成。

"可是那个握力器本来也就只有手掌大，换个位置捏一下，力量怎么差得那么大呢？"杰克依旧云里雾里。

桑德拉："听着，杰克，钳子形握力器的转动重心在它的脑袋上，而你的着力点距离旋转重心越远，才能越省力气。"

杰克："那个像棍子一样的臂力器一定也有旋转重心，它在棍子中央对不对？"

桑德拉："没错，宝贝，所以当你双手握着棍子中部企图让它弯腰的时候，才会感觉它是那么强硬。"

跆拳道

跆拳道是一种徒手格斗术，它的发源地是古代朝鲜国。

当时正值战乱，可是朝鲜的兵器实在是太匮乏了，于是他们就研究出了这种不需要武器的拳术。时至今日，跆拳道以重礼仪、弘正气、坚忍等优秀文化精神得到了世界的认可。

重心

重心

一二、发射

　　"哥们儿，我相信你可以成为合格的乘客，但是做航天员，我这样的还差不多。"凯瑞得嘲笑杰克。

　　杰克："我怎么没看出来？难道你额头上写字了吗？"

　　凯瑞得："至少，我了解喷气飞机的原理，怎么样杰克，想来场演讲比赛吗，关于喷气飞机的？"

　　……

　　"丢人，真丢人！天哪，今天和明天，我都不敢在第五街上出现了。"杰克愤愤地说。

　　桑德拉："别这样，乖儿子，跟着桑德拉，还怕搞不懂喷气飞机吗！"

桑德拉："这个气球想要长高个儿，来吧，杰克，你可以把它吹大点，别弄破了就好。"

杰克把气球吹到了西瓜那么大，压一压还很有弹性。

桑德拉："好了，杰克，现在我们把大气球扎起来，口上打个活结。"

桑德拉："帮个忙，杰克，剪掉吸管头上的尖尖，再把长绳子穿进吸管。"

杰克把那段吸管剪成了平口，又把一根长约2米的绳子穿到吸管里。

桑德拉："不错，亲爱的，把双面胶递过来，我得把吸管粘到气球的肚皮上，只粘一点点就好，否则它就飞不起来了。"

杰克："快看，我准备好椅子了，它们正背对背等着你呢。"

桑德拉："太棒了，杰克！长绳子的两端分别系在两个椅背上，发射前的准备工作就完成了。"

当桑德拉松开系在气球口上的活结，气球跑了。没错，它沿着绳子做成的轨道从一个椅子背奔向了另一个椅背！

"哇，它被气推跑了，对不对？"杰克兴奋地问。

桑德拉："没错，杰克，气体从气球内部冲出来的同时产生了相应的推力。假设我们的轨道是竖直向上的，气球就会向上飞。"

超越1.2万米

1949年，全世界第一架喷气式民航客机上天了，它就是英国的"彗星"号。

但是，"彗星"号上天之前的几十年里，大多数人都认为：任何飞机想要超越此前活塞式飞机创纪录的升空高度1.2万米，几乎是一件不可能的事情。

杰克："向上飞？那就更像喷气飞机了！"

桑德拉："表面看的确是这样，但是亲爱的，飞机上天需要足够的燃料来帮忙。"

小船儿荡起双桨

　　"本届航模大赛只有一个参赛名额，你也认为我去最合适，对吗，杰克？"凯瑞得问杰克，或者可以说他正想找个理由把杰克吓跑。

　　"算了哥们儿，我觉得我去更合适。"杰克也不示弱。

　　"这里有个小空盒子，可是我能让它立刻变成一艘无人驾驶的小船。你能吗，杰克？"凯瑞得举着一个火柴盒说。

　　杰克："当然了，我会用扇子吹跑它。"

　　凯瑞得："这算什么本事，我什么工具都不用，兄弟！"

桑德拉："无人驾驶火柴盒？这没什么大不了的，杰克。把火柴盒的小抽屉抽出来，再去找三根牙签来。"

火柴盒抽屉就是小船，杰克把两根牙签分别粘在"小船"的一条长边上，牙签还有一半露在外面。

桑德拉："不错，亲爱的，掐断剩下的那根牙签，留下一小截做船桨。"

桑德拉："看好了，杰克，把橡皮圈套在露在外面的牙签上，然后把船桨别在橡皮圈上。"

杰克拿起一小截牙签，用橡皮圈在它身上绕了几下。

桑德拉："好了，杰克，继续转动你的船桨，我们要给小船续航了！"

杰克："它可以下水了吗？哦，我简直不敢想象……"

当杰克把它的小船儿放到水盆里，松开船桨的一刹那，他都不敢睁眼看了。但是，他还是忍不住偷看了一下，这才知道，船真的跑了！

杰克："哇，参加航模大赛有希望了！可是它怎么可能跑起来呢？"

桑德拉："听着，杰克，无人驾驶小船的奥妙在于拧，当牙签缠着橡皮圈旋转的时候，一部分动能会被储存下来；只要你一松手，小船立刻就得到了前进的动力。"

"快看杰克，我发现了一个天大的秘密！"妮娜拎着一根细得不能再细的细绳来了。

杰克："这是什么？"

妮娜："傻杰克，这个秘密装置是我从凯瑞得的火柴盒上找到的！"

船桨的由来

从前向后一下一下划，船桨就这样推着小船向前进了。

如果你仔细观察一条鲤鱼，你会发现它在水里游泳的时候，身体两侧的胸鳍也在前后划动。据说人们当初就是受了鱼的启发，才发明了船桨。

天降陨石？

　　"神物千年一遇，难道你不想收藏一块，我的好哥们儿？"凯瑞得拿着一块石头问杰克。

　　"但是，我怎么知道它不是冒牌货呢？"杰克摸了摸石头说。

　　凯瑞得："陨石坑就在那个角落里，不信，这就带你去看。"

　　……

　　杰克："这就是陨石坑？天哪，照我看应该是足球砸的。"

　　凯瑞得："胡说，足球给你，你砸出一个这样的坑给我看看好吗？"

　　杰克真砸了，可他砸了五十多回，使了好大劲，也砸不出那么深的一个坑。

桑德拉：“哦，陨石来了，竟然不通知桑德拉。走吧，杰克，跟我到花园，我们玩沙子去。”

杰克拿着一个实心小皮球，跟着桑德拉来到一个小沙坑边上。

桑德拉：“立正，亲爱的，使出浑身力气，把你手里的球丢在沙子里。”

桑德拉：“记住这个坑，杰克，站远点再投一次，用力要大，速度要快。”

杰克后退两大步，使劲丢出实心小皮球，让它结结实实砸在了沙坑里。

桑德拉：“不错，杰克，再退两步，接着砸！”

杰克：“搞什么，桑德拉，难道你想让我通过这种方式发泄怨气吗？”

　　若干次投球之后，杰克重新回到沙坑边上，向下一看才发现，原来他每次砸出的坑，深浅大小都不一样。

　　杰克："站得越远，砸出的坑越深！天哪，后退让我长了力气吗？"

　　桑德拉："其实是你让球长了力气。听着杰克，运动会让物体具有更大的能量，速度越快能量越大，距离越远能量也会越大。"

杰克："所以当我站远一点，用尽力气将球丢过来，它就会更使劲地砸向沙坑！是这样吗？"

桑德拉："没错，亲爱的，所以从远处踢来的足球完全有可能将沙土地砸出一个深坑。"

"我明白了，可是棒棒糖一定被凯瑞得舔过，说不定只剩下棒棒了。"杰克哀叹道。

神的礼物

很久很久以前，几个匈牙利人捡到了一块石头，还把它抬进教堂五花大绑起来。

原来，他们捡到的是一块陨石，但是他们并不知道那玩意儿的身世背景，就把它当作"神的礼物"。把它捆起来的意思是：既然您来了，休想再飞回天上去！

想跳就跳吧

"快点，杰克，就像我这样，你看它跳得多欢快！"凯瑞得两手拉着一根绳说。

杰克手里也有一根绳和一个纽扣，可是杰克学了好半天，也不能让自己的扣子跳起舞来。

凯瑞得："我看你是没救了，哥们儿，一个悠悠球都做不好。"

"干吗要自己做悠悠球呢？去玩具店买一个又不是什么难事。"杰克辩解道。

凯瑞得："看看你手上那颗纽扣，如果你不认输，我只能……"

……

妮娜："谁看到我的小鱼纽扣了？天哪，杰克，是你揪下来的吗？"

杰克："不不，真的，你要相信我，妮娜……"

桑德拉："站过来，杰克，把你的扣子给我看看吧！"

杰克摊开手掌，把那条惹祸的小鱼亮了出来。

桑德拉："扣眼在背面，穿绳子倒是容易。算了，亲爱的，换这颗扣子试试。"

桑德拉："现在可以穿线了，杰克。这颗扣子和你的小鱼不一样，它的扣眼是通透的。"

杰克把线的两头从同一个方向分别穿进两个扣眼，然后在线头打了个结。

桑德拉："就是这样，杰克，拎起绳子两端迅速转动，试试你亲手做的悠悠扣吧。"

"这样能行吗？刚才我也是这样做的，可是绳子很快就拧在了一起。"

每一次遭受打击，杰克都会耿耿于怀，至少两小时忘不了。但是眼下，他却又充满自信了！

杰克："真的是悠悠扣，一拉绳子它就转，左右转上下转！可是这是为什么呢？"

桑德拉："听着，杰克，当你转动绳子的时候，能量暂时寄存在拧成辫子的绳子上，当你再次拉动绳子，能量又释放出来传给了扣子。"

杰克："只要我不停地转绳子、拉绳子，扣子就会一直一直转下去，对吗？"

桑德拉："没错，亲爱的，因为绳子得到的能量是不会凭空消失的。"

杰克："可是，小鱼为什么不会转？这仍旧是个问题。"

桑德拉："其实小鱼也会转，只不过它不够圆不够对称，更容易把自己缠上而已。"

老玩具

有人说世界上第一古老的玩具是洋娃娃，第二就是悠悠球了。

悠悠球其实更像是两个连在一起的轮子或小碗，一点都不像球。但是这种貌不惊人的小玩具已经被世界人民玩出了花样，号称招式最多、观赏性最强的手上技巧运动之一。

超级强悍一张纸

"说，汤尼校长为什么约你？"妮娜问杰克。

"没……没什么，他只是表扬我，对的，的确是这样。"杰克支支吾吾地说。

"别走，哥们儿，据我所知……"凯瑞得说了一半就停住了。

杰克："可是我现在一无所有，兄弟，就算我死定了，你也不会得到半毛钱好处。"

……

为了保守秘密，杰克决定帮凯瑞得洗碗。但是就在即将大功告成的时候，他却划破了凯瑞得家崭新的花围裙，结果落了个恶意报复的坏名声。

桑德拉："我猜你并不是成心的，对吗，杰克？"

杰克一把搂住了善解人意的桑德拉，掏出了那张让他吃尽苦头的白纸。

杰克："快看，它真的不像书里说的那样坚不可摧。"

桑德拉："好吧，亲爱的，现在我们需要换个方法，用这张纸把水果刀的刀刃包起来。"

杰克把纸整齐对折好，将水果刀插进纸的折缝处，刀刃对着折痕。

桑德拉："好了，杰克，用这把纸刀切个苹果试试，切记垂直用力不可以来回拉动。"

杰克："好吧，可以试试，不过说真的，我对它已经没什么信心了。"

　　杰克从作业本上撕了一张白纸，他曾为了检验这张纸的坚不可摧，把它放在课桌上用刀切，结果把课桌切坏了。但是当他把同样的白纸裹在刀刃上，苹果竟然被切开了！

　　杰克："哇，这就是坚不可摧的白纸！为什么苹果被切开了，纸却没坏？"

　　桑德拉："那是因为白纸根本没有感受到手的压力，当手部力量垂直下压的时候，大部分力量传给了苹果，而纸张良好的韧性帮它成功躲过了这一劫。"

杰克："垂直下压，其实我也是这样做的。"

桑德拉："亲爱的，只有在特定的情况下，纸才能通过韧性躲过一劫，而不是你想象中的那样坚不可摧。？"

杰克："哦，我明白了，我以后不会那么做了。"

力量垂直下压

有球没球？

杰克："杯子里有球吗？妮娜猜猜。"

妮娜："没球！"

"好。不过有球没球得问它，看起来没有球未必是真的。"杰克说着，从桌子底下摸出了一个塑料杯子。

"啰唆什么呢，杰克？明明没有球，我猜对了，不是吗？"妮娜急了。

"天哪，妮娜小姐，耐心等等，让我问问它好吗？"杰克拿起一根木棍，开始敲杯子，嘴里还念念有词。

……

结果，杯子里真的冒出了一个乒乓球。

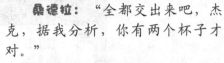

桑德拉："全都交出来吧，杰克，据我分析，你有两个杯子才对。"

杰克把两只手都伸了出来，每只手上都握着一个杯子，表面看起来杯子里装满了盐粒。

杰克："哪个杯子里有球，你也想猜猜吗？

桑德拉："当然亲爱的，桑德拉从不介意挑战，但是可以给我一根擀面杖吗？"

妮娜像一阵风似的，拿着擀面杖回来了，她打算亲自敲出一个乒乓球玩玩。

桑德拉："停！好了，妮娜宝贝，看来不会有乒乓球从那个杯子里钻出来了。"

杰克："天底下只有我一人掌握了这个超级难的魔法，妮娜，这回你信了吧？"

　　两个杯子一起敲，其中一个杯子钻出了乒乓球，另一个始终没动静。但是桑德拉没有放过那个寂寞的杯子，她把里面的盐全都倒了出来。结果，一个深藏不露的铁球出现了！

　　杰克："太奇怪了，我一直想不明白为什么这个球就是不出来？"

　　桑德拉："那是因为铁球的身体比较重！听着，宝贝儿，杯子里的盐粒结构很松散，所以当它受到擀面杖的敲击，周围发生震动的时候，重的东西就会陷下去。"

杰克："哦，是因为乒乓球比较轻，所以它才会被震上来吗？"

桑德拉："没错，亲爱的，只要你不把盐粒压实，它一定会上来的。"

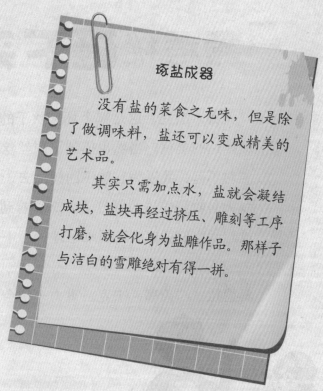

琢盐成器

没有盐的菜食之无味，但是除了做调味料，盐还可以变成精美的艺术品。

其实只需加点水，盐就会凝结成块，盐块再经过挤压、雕刻等工序打磨，就会化身为盐雕作品。那样子与洁白的雪雕绝对有得一拼。

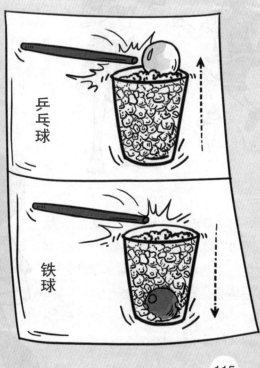

一颗樱桃砸下来

"天哪，杰克，这是哪个坏家伙干的？"桑德拉摸摸被砸疼的脑袋，摸到了一颗摔烂的樱桃，当然也摸到了甜丝丝的樱桃汁。

"对不起，我以为它能飞回树上去，可是没想到……"杰克解释道。

今天是收获樱桃的好日子，杰克看到满树的红樱桃，高兴地抱着树干晃啊晃，没想到它们就这么噼里啪啦地掉了下来。

……

桑德拉："天哪，杰克，重力一定会把樱桃抓下来的！"

桑德拉："亲爱的，愿意再玩个抛球游戏吗？"

杰克："好吧，你是说像小丑演员那样抛小皮球吗？"

桑德拉："加油，杰克，双脚用力蹬地，使劲儿向上跳！"

杰克跳了，他还学起了胖兔子乔格鲁，前腿撑后腿蹬。

桑德拉："怎么样，亲爱的，你又降落了，对吗？"

桑德拉："太棒了，宝贝，趁它们跳得欢腾，你可以停下来歇歇了。"

杰克："没错，我的胳膊又酸又疼，它们已经严重抗议了。"

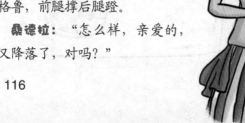

116

杰克跳起来了，但是立刻又落了下来，好像有谁拖下他一样。杰克双手抛球，球动了起来；杰克停手，球落地了。

杰克："为什么我不能双脚一跳飞起来呢？想想还真是不对劲。"

桑德拉："跳一跳就能飞起来，除非杰克去太空里！听着，亲爱的，这就是地球的吸引力在发挥作用。"

杰克："明白了，所以我把小皮球抛得再高也没用，因为它会被吸回来。"

为啥不飞走

曾经有个人特别喜欢琢磨，他琢磨太阳附近为啥有行星，也琢磨地球表面的物体为啥没跑光。

后来那人发现了万有引力，对，他的名字叫艾萨克·牛顿，一个被苹果砸得开了窍的人。

桑德拉："没错，亲爱的，但是抛得越高，下落的重力就会越大！"

杰克："也就是说，假如3楼和2楼同时落下一颗樱桃砸到妈妈，3楼那颗砸得更疼！是这样吗？"

问答题

1. 下列哪种生活现象与惯性毫无关系？（　）

    A. 奔跑速度过快，很难立刻停下来　　　　B. 一辆匀速行驶的汽车突然增速

    C. 一个旋转的木陀螺，即使不被抽打也会转

    D. 双脚不再蹬自行车的时候，这辆车还是会向前冲

2. 从地球上观察到的太阳为什么会是东升西落的？（　）

    A. 因为地球在旋转　　　　B. 因为太阳会自东向西做运动

    C. 这是一种视觉假象　　　　D. 因为太阳会自西向东做运动

3. 下列哪种物体抗击扭动的能力比较强？（　）

    A. 手镯　　　　B. 玻璃球　　　　C. 硬币　　　　D. 圆形盘子

4. 在电梯下行过程中称体重，我们的体重数值为什么会一再降低？（　）

    A. 乘坐电梯有助于减肥　　　　B. 下行电梯会让我们的身体处于失重状态

    C. 看错体重秤的读数了　　　　D. 饿得肚子空空

5. 一个高个子和一个矮个子相比，为什么矮个子的人平衡能力更好一些？（　）

    A. 矮个子经过长期的平衡能力训练　　　　B. 高个子重心比较低

    C. 矮个子重心比较低　　　　D. 高个子身体不太好

6. 设置在江河湖海中的船闸的主要作用是什么？（　）

    A. 调整某段航道的水面高度，从而确保过往船只顺利通行

    B. 抗击洪水　　　　C. 作为船只蓄力休整的场所　　　　D. 蓄水

7. 世界上第一架喷气式民航客机是（　）。

    A. 美国的"彗星"号　　　　B. 苏联的图-104

    C. 美国的波音707　　　　D. 英国的"彗星"号

8. 假如你竭尽全力将一个足球砸向前方的沙坑，下列那个位置出现的坑会比较深？（　）

    A. 投手脚下　　　　B. 投手左边　　　　C. 距离投手较远的地方　　　　D. 投手右边

9. 能量会不会凭空消失？（　）

    A. 会　　　　B. 不会　　　　C. 有时候会

10. 人类为什么不能像小鸟一样，跳一跳就飞起来？（　）

    A. 因为我们受到地球引力的作用　　　　B. 人类没有翅膀

    C. 飞翔练习不够　　　　D. 人比小鸟胖